竹叶酵素

徐 新 主编

中国林业出版社
China Forestry Publishing House

图书在版编目（CIP）数据

竹叶酵素 / 徐新主编.—北京：中国林业出版社，2022.3

ISBN 978-7-5219-1519-8

Ⅰ.①竹…　Ⅱ.①徐…　Ⅲ.①竹—发酵处理　Ⅳ.①X705

中国版本图书馆CIP数据核字（2022）第007585号

中国林业出版社

责任编辑： 肖　静　刘　煜

出版发行	中国林业出版社 (100009 北京市西城区德内大街刘海胡同7号)	
	http://www.forestry.gov.cn/lycb.html　电话：(010)83143577	
印　　刷	北京中科印刷有限公司	
版　　次	2022年3月第1版	
印　　次	2022年3月第1次印刷	
开　　本	889mm×1194mm　1/64	
印　　张	1.25	
字　　数	30千字	
定　　价	25.00元	

前言

　　梅、兰、竹、菊是文化的象征。竹子形态优美，深受国人喜爱，喜温暖潮湿的气候，主要分布在低纬度的热带或亚热带。北京也有竹子种植，如北京市海淀区的紫竹院公园代表性的景观就是竹林，常年吸引着很多游客观光赏竹。可惜竹子到了北京，有点"水土不服"，长得并不很好，无论是露地竹还是盆栽竹，普遍呈现出枝干和叶片颜色发黄、发锈，一定程度上影响了园林景观效果。究其原因，可能是在于南北气候、土壤条件的差异。我们能否在土壤改良上做些文章？受到当前社会上不少人利用植物废弃物制作酵素的思潮影响，笔者突发奇想，能否就地取材利用竹叶制作酵素并用其改良土壤呢？自从有了这个想法，笔者就动手开始实验，不但成功制作出了酵素，而且在竹园土壤改良上真的得到了应用，效果很好。

竹叶酵素的制备其实并不复杂，人人都可以动手做。它很实用，不但解决了竹子落叶处理难的问题，还解决了北方竹园景观提升的现实需求，更重要的是，通过实验展示，带动了科普工作，推动了社会公众对农林废弃物资源化再生利用的兴趣，特别是激发了中小学生的学习兴趣，增强了他们学科学、爱科学的自觉性。如今"竹叶酵素的制作"实践科普课程应运而生，受到了紫竹院公园附近学生的普遍欢迎，学校和教委为此专门组织了持续的教学实践活动，媒体也进行了跟踪宣传报道。

为了更好地向公众介绍传播竹叶酵素制作与土壤改良知识，笔者分别从什么是酵素液、竹叶酵素制备及土壤改良实验、竹叶酵素的应用和对竹叶酵素发酵方式依法炮制四个方面对

竹叶酵素

这些年的实践经验进行了总结梳理，并尽量用简单的语言进行描述，配以漫画插图，力图做到图文并茂、通俗易懂，兼具知识性、科普性、趣味性、实用性，期望能使更多的人受益。

赏竹是文化，竹叶循环利用是生态，酵素制作知识传播是科普。以竹为媒，让我们更好地认识自然、保护自然、热爱自然，弘扬传统文化。

本书完成之际，要衷心地感谢为此出版做出贡献的项目支持单位北京农学会，你们是笔者前进的动力。由于笔者水平有限，书中疏忽之处在所难免，万望读者批评指正，以便日后改进提高。

徐 新

2021 年 12 月 28 日

目 录

第一章　什么是酵素液　/1

　　第一节　什么是酵素　/1

　　第二节　酶是干什么的　/3

　　第三节　土壤中有酶吗　/7

　　第四节　酵素液是怎样制作的　/13

第二章　如何制备竹叶酵素　/14

　　第一节　南方的竹子到北方后

　　　　　　会"水土不服"吗　/14

　　第二节　如何让南方的竹子"随遇而安"　/18

　　第三节　如何制备竹叶酵素　/21

竹
叶
酵
素

第四节　竹叶酵素改良土壤效果如何　/31

第三章　竹叶酵素可以用来做什么　/43

第一节　生活中如何使用竹叶酵素　/43

第二节　农业上如何使用竹叶酵素　/50

第四章　竹叶酵素能依法炮制吗　/62

附录：竹叶酵素问答集　/64

后　记　/68

第一章 什么是酵素液

要说明白酵素液，首先要从酵素本身说起。

第一节 什么是酵素

"酵素"一词原在日语中的意思是"酶"，但现在"酵素"一词并不单纯指酶。酵素和酶虽属于同类物质，但两者还是有区别的。

酵素是天然酵母菌、乳酸菌、醋酸菌以新鲜水果、植物为养料，经过发酵所制得的产品。酵素中含有丰富的维生素、氨基酸、酚类、黄酮、矿物质和酶等多种成分，其中活性成分主要是微生物和酶，酶主要有超氧化物歧化酶、蛋白酶、淀粉酶和脂肪酶等。

我们已经了解了酵素，下面来认识一下酶。

水果酵素

乳酸菌、酵母菌和两歧双歧杆菌

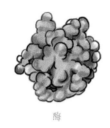

酶

第二节 酶是干什么的

酶是活细胞具有的催化或者抑制某种特定化学反应的物质。它的化学本质是蛋白质，蛋白质是生命结构中非常基础的物质，是所有生命进行生物化学反应过程的必要媒介体。酶最主要的作用就是催化，即加快生物化学反应速度或者使生物化学反应更容易进行，但是在生物化学反应前后，酶本身的量和化学性质并不改变。

　　形象地打个比方，一个人走在路上，遇到一堵高墙，要是直接爬上去的话会很费力气。但这个时候如果有个梯子，走在路上的人就能又顺利又快地爬上去。

　　如果把人走到目的地的过程看作一种生物化学反应，那么这个梯子，就是酶。

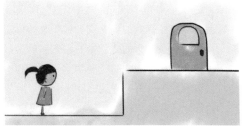

路遇高墙

借梯爬墙

　　酶是几乎所有生物化学反应的天然催化剂。活细胞因为有酶的存在可以进行合成或者代谢等生物化学反应，如果没有酶，那么活细胞将不能够进行生物化学反应，生命也就无从谈起。可以说，酶是细胞的"生命之匙"，作用于有生命的世间万物。

　　由于酶是蛋白质，因此它会受环境的影响，每种酶只会在特定的环境中保持活性，温度不

5

适宜和强酸或强碱环境都会降低酶的活性，或者使酶遭到破坏，从而失去活性。

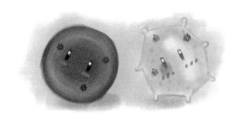

红细胞　　　　　　植物细胞

6

温度和酸碱度不适宜都会破坏酶的活性

第三节　土壤中有酶吗

　　酶的催化作用于所有生命体，同样也作用于土壤。

　　土壤之所以能够生长植物，是由于土壤中富含多种营养物质、水分以及空气等，是个可以自循环的有生命的世界。

　　土壤具有团粒结构，其中各种大小不一的

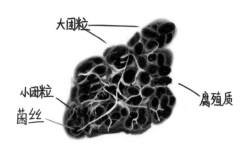

土壤团粒结构

团粒黏在一起。这些团粒能够紧紧黏在一起，是因为土壤中的胶结物质，这些胶结物质是土壤黏粒、新形成的腐殖质和微生物的菌丝及分泌物的混合物。

植物用力扎根、昆虫刨土路过、干湿季节变换、冻融交替都对这些胶结物质施加了各种各样的外力，日久天长，土壤团粒会被挤压得松紧不一，变成了我们现在所见到的样子。

各种外力作用的土壤

好的土壤是疏松的，土壤团粒间存在大小不一的孔隙，大于土壤孔隙的养分颗粒、有机物与有效水、气泡等会被保留下来，滋养其中的生命。

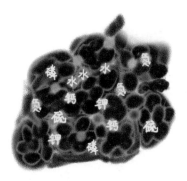

好的土壤团粒

　　土壤中的生物根据自身需要从土壤中选择和吸收各种养分，形成有机体。好的土壤中营养丰富，微生物群活跃，产生大量的活性酶。土壤中的昆虫、植物等有机体死亡后，尸体在微生物以及酶的作用下被逐渐分解，将营养物质释放出来，反过来滋养别的有机体，如此形成良性循环。

土壤中特有的酶统称为土壤酶。土壤酶在土壤的物质循环与能量转化中广泛存在，并且各司其职。

土壤循环

土壤酶

水解酶负责将大分子物质水解成小分子物质，使土壤生物可以更好地吸收养分。

氧化还原酶参与土壤腐殖质组分的合成。

转移酶参与蛋白质、核酸、脂肪的代谢，还参与激素和抗菌素的合成与转化。

土壤系统中，土壤酶的活性影响着土壤养分之间的转化效率，其活性越高一定程度上也反映土壤生物化学活动强度越高。生物化学活动强的土壤，其养分都是比较丰富的。

竹叶酵素

有养分的土地

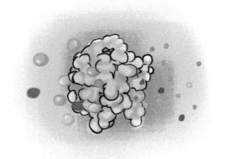

土壤酶的活性

第四节　酵素液是怎样制作的

酵素液中含有丰富的微生物及酶，并且含有其他多种营养物质，可以有效地作用于土壤，让我们来看看酵素液是怎样制作的吧。

微生物在无氧条件下通过分解有机物来进行繁殖，这个过程就是发酵，其中的各种微生物即是发酵菌。在制作酵素液的过程中，自然界中广泛存在的天然酵母菌、乳酸菌等多种发酵菌，需要在水中以植物为碳源进行厌氧发酵，同时，植物被水中的有益菌分解为自身的养料。在此过程中，微生物们释放了大量的活性酶，并将植物分解转化成多种糖类、氨基酸、乳酸、醋酸、矿物质和少量乙醇。这种含有发酵菌、酶、发酵原料以及微生物代谢产物的混合发酵液，可以说是一个微生态整体，就是酵素液。

13

第二章 如何制备竹叶酵素

第一节 南方的竹子到北方后
会"水土不服"吗

大家知道世界上最主要的产竹国是哪里，竹林资源集中分布于哪些地区吗？

中国是世界上最主要的产竹国，竹林资源集中分布于长江以南，其中以福建省、浙江省、江西省、湖南省最多，这 4 个省的竹林面积共占全国竹林总面积的四分之三还多。北方，尤其是北京地区的竹子种子基本上是引进的。

看来竹子更加喜爱南方，那么到底南方的环境有何魔力使竹子能够茁壮成长呢？要深入探究这一问题，我们先来看看竹子喜爱的生长环境。

竹子对土壤的要求：土质深厚肥沃，富含有机质和矿物元素的偏酸性土壤。

竹子对气候的要求：温暖湿润且雨量充沛、排水良好、阳光充足、热量稳定的生长环境。由于丛生、混生竹类地下茎入土较浅，出笋期

适宜环境下竹子茁壮成长

在夏季和秋季，新竹当年不能充分木质化，经不起寒冷和干旱的气候。

南方地区是亚热带季风气候，特点是夏季高温多雨，冬季低温少雨，降水充沛。最冷月平均气温不低于0℃，最热月平均气温高于22℃。南方土壤多铁铝不溶性盐，肥力一般，颜色从南向北从砖红色渐变为黄色，多酸性甚至中强酸性。而北方地区的气候特点是冬季寒冷干燥，夏季高温多雨。北方土壤，尤其是淮河以北，向东北由褐土转黑土，具有较高肥力；往西北则转为灰钙土、荒漠土，土壤肥力很低甚至缺乏发育。但不管哪一个方向，土壤多呈现中性甚至碱性。

紫竹院公园位于北京市海淀区，气候为典型的北温带半湿润大陆性季风气候，多年平均降水量为600毫米，降水主要集中在6~8月，冬季干旱少雨，土壤为褐土。对公园竹林土壤测试结构显示：土壤 pH 为 7.64~8.30，呈偏碱性，且土壤有机质含量低，易板结。

竹叶酵素

16

紫竹院公园是北京地区竹子集中栽植区，但由于竹子适应南方的生长环境，紫竹院公园的竹子来到北方后就遇到了诸多不适，如营养不良，活力较弱，易患病。常见的轻微症状就是枝干、叶片颜色发黄、发锈，严重时会停止生长，变得矮小，或由此消亡。究其本质原因，主要是受空气温度、湿度和土壤状况的影响，其中，土壤问题主要是土壤碱化和板结现象比较严重。

　　土壤碱化是一种土壤环境恶化的过程，是指土壤溶液中可溶盐分在土壤表层沉积下来，交换性钠含量升高，最终可溶性盐含量升高的一种现象。这种现象会导致土壤质地变得过于黏稠，透水透气性差，不利于大部分植物的生长。

　　土壤板结是指土壤表层因缺乏有机质，结构不良，在灌水或降雨等外因作用下结构被破坏、土壤和肥料分散，而干燥后内聚力作用使土壤表面变硬，不适于农作物和花木等生长的现象。

竹叶酵素

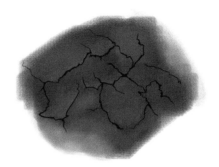

土壤板结

第二节　如何让南方的竹子"随遇而安"

　　竹子在南方的生长环境不仅气候温暖潮湿，土壤也是疏松并且偏酸性的。想让原本生长在南方的竹子在北方"安家落户"，就得从它的生长环境入手。比起气候问题，土壤问题是相对比较容易改善的。

　　那么，如何改善土壤问题呢？

现有的治理方法主要是通过施用硫、磷肥调节土壤的 pH，使碱性土壤酸化，但缺点是成效一般，效果不持久且单一（仅具有调节土壤 pH 的效果），而且实际经济成本较高。

施用硫、磷调节土壤 pH

那么还有更加高效的治理方法吗？它到底是什么呢？

研究发现，将竹子粉碎经厌氧发酵而制成的液体产物——竹叶酵素具有 pH 低以及小分子有机物、酶含量及营养物质丰富等特点。竹叶酵素的这些特点不仅有助于改变土壤 pH，能够产生多种有助于竹子生长的营养物质，可延长竹叶绿期，促进植株生长效果显著。此外，竹叶酵素为竹林废弃物再利用的一种方式，全流程绿色环保，开发潜力巨大。

竹叶酵素调节土壤 pH 主要是靠发酵液中的乙酸成分，该成分由竹叶发酵时微生物产生的乙醇在发酵结束后换气时氧化所产生。

竹叶酵素还能产生多种营养物质，其背后的原理又是什么呢？

竹叶酵素中含有内生菌，可以产生对竹子根系生长有促进作用的植物激素、蛋白酶等物质，直接影响竹子根系的生理代谢，还可以通过生物固氮、溶磷等方式增强根系吸收营养物质的能力，间接促进植物生长。土壤酸化后，土壤中磷、钙、铁等养分元素的有效性提高，速效磷等养分含量提高，此外，竹叶酵素施用过程中给土壤带入了钾，有助于土壤速效钾含量的提升，促进了竹子钾的吸收，共同增强其抗旱、抗寒的能力，使其保持更好的生长状态，增强其观赏性能，延长其观赏时间。

第三节　如何制备竹叶酵素

酵素的制备需要新鲜植物、水以及糖作为养分。竹叶酵素是竹叶上带有的天然酵母等多种菌种以竹子和糖为碳源进行厌氧发酵制成的。发酵主要是由植物中的酵母菌通过繁殖进行的。

对碳源进行微生物发酵，糖、植物与水的比例是1：3：10。糖是构成微生物细胞和代谢产物中碳素的来源，也就是酵母菌生长繁殖的食物。常用的碳源主要有各种糖类、脂肪、有机酸和醇、碳氢化合物等。

竹叶酵素

3份

1份

10份

22

发酵原料

首先，准备干净的玻璃容器。该容器需要在密封的状态下配备搅拌棒，并带有放气阀，这就是我们常说的酵素罐子。

搅拌棒

放气阀

酵素罐子

其次，取两株成年竹子，洗干净，用工具钳剪碎。用厨房秤称重。如果用 5 升的水，竹子的用量则为 500 克。

剪碎竹子

竹子过秤

　　然后，称取相当于碎竹子质量三分之一的糖（什么糖都可以），为生长发酵中的微生物补充养分。

竹叶酵素

红糖过秤

先在容器底部铺一层碎竹子，再铺一层糖，按照一层竹子一层糖的顺序将竹子和糖完全用完，大概用掉容器二分之一至三分之二的空间。

用5升凉白开灌满容器，盖好盖子，密封。

倒水

密封酵素罐子

　　将容器移动到温暖的地方，但要避免阳光直射，用黑色的任何材质的覆盖物覆盖，主要目的是隔绝阳光中的紫外线，因为发酵的主要菌种是酵母菌，紫外线会杀死发酵菌，且光照会促进藻类生长，它们与发酵菌抢夺容器中的养分，导致发酵不充分。

给酵素罐子盖上黑色的覆盖物

紫外线杀死发酵菌

发酵菌在发酵的过程中会产生气体，因此需要打开排气阀，搅拌发酵液，以便排出气体。透明容器可以观察到发酵情况，如果发酵成功，会在摇动容器或搅拌发酵液的时候产生小气泡。

第二天取下覆盖物轻轻摇动容器，如果有小气泡从竹叶中析出，说明发酵菌在顺利地繁殖发育。

发酵初期，发酵菌在自身酶的帮助下将糖类分解成二氧化碳和乙醇。每天需要打开放气阀并搅拌液体释放气体，避免容器内气压过大导致崩裂。此操作应至少持续一周。

第四节　竹叶酵素改良土壤效果如何

　　进行测定的目的主要是了解所制酵素的质量状况。竹叶酵素含有固相和液相两部分，需对这两部分分别进行营养成分测定（表1）。

表1　竹叶酵素营养成分测定内容

样品状态	测定内容
酵素中固相部分	全氮、铵态氮、硝态氮、有机氮、pH、水分含量
酵素中液相部分	全氮、铵态氮、硝态氮、有机氮、pH、液体密度

　　其中对全氮、有机氮、铵态氮、硝态氮进行的测定也采用了十分权威的方法（表2）。

表 2　竹叶酵素含氮测定方法

名称	测定方法
全氮	凯氏定氮法
有机氮	
铵态氮	采用 2 摩尔 / 升的氯化钾浸提、连续流动分析仪定量分析
硝态氮	

　　从原理上看，竹叶酵素是改善土壤挺有效的办法。至于实际效果怎么样，就需要做实验进行验证了。

　　实验样本：平均竹龄在 5 年的金镶玉竹和铺地竹。样本普遍出现退笋、竹叶发黄、发锈，并且出现斑点和茎秆颜色灰暗等问题。

　　金镶玉竹：嫩黄色的竹秆，每节生枝叶处都自然生长出一道绿色的浅沟，位置节节交错。一眼望去，如根根金条上镶嵌着碧玉。

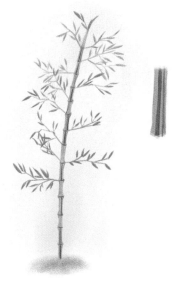

金镶玉竹

33

竹叶酵素

铺地竹：叶片颜色为绿色，竹秆矮小，秆高为 0.3~0.5 米，叶卵状披针形。

铺地竹

退笋：不能生长成竹子的笋。

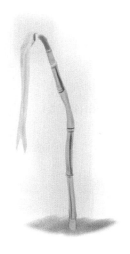

退笋

实验主要围绕两个方面，一是土壤施肥，二是对竹子生长的影响。

实验中设置了 2 组实验对象，以是否施用竹叶酵素进行对比验证，如表 3 所示。

表 3　土壤施肥与对竹子生长的影响实验

实验部分	实验处理内容
对照组	不加任何物质的空白处理
实验组	用竹叶酵素处理

在土壤施肥实验中主要测定土壤 pH，土壤导电率（EC 值），土壤速效磷、速效钾、有机质和全氮含量。在对竹子生长的影响实验中，在施肥后约 1 年，在新竹长成后测试竹叶和茎秆颜色变化。

那么，接下来看看实验结果吧！

（一）竹叶酵素可改良碱性土壤

竹叶酵素的酸度较高，固相部分 pH 为

3.77~4.95，液相部分 pH 为 3.45~4.03，并含有较为丰富的营养物质。

pH3.45~4.03 pH3.77~4.95

酵素 pH

实验结果显示：碱性土壤施用竹叶酵素后，土壤 pH 普遍有所降低，降幅在 0.1~0.4 个单位；土壤养分含量增加，土壤改良效果显著。这证明了所制备的竹叶酵素固相部分和液相部分的酸度均较高，含有植物所需的氮类营养物质，可用于改良碱性土壤。

竹子抗寒抗旱能力有效提高

　　分析结果还显示，施用竹叶酵素后，土壤 EC 值、速效钾含量呈上升趋势。由于竹叶酵素富含有机物质，施用后明显提升了土壤的有机质含量，对竹子生长和养分吸收都具有重要的支持作用。

另外，土壤施入竹叶酵素的同时也带入了微生物和酶，有助于土壤中大颗粒有机物的分解、促进养分的活化。

施用竹叶酵素后，土壤氮、磷、钾含量上升

竹叶酵素土壤综合调酸改良措施见表4。

表 4　竹叶酵素施用时间与方法

时间	具体措施
3 月（在盆栽竹出笋前）	根施升华硫 1 次，磷酸 1 次
4~6 月（竹子速生期）	每月施磷酸 1 次
11 月（入冬前）	根施升华硫 1 次，磷酸 1 次
每季度	施用竹叶酵素 1 次

备注：
1. 升华硫施用方法：均匀撒在土壤表面后翻土，用量 100~200 克 / 平方米。
2. 磷酸浇灌的施用方法：将磷酸兑入水中，将溶液的 pH 调节至 4.5~6.0。

（二）竹叶酵素对竹子生长有积极影响

实验结果显示，盆栽竹施用竹叶酵素后，竹叶绿期延长，植株冠幅变大，竹子地上部生物量增加。

分析原因，可能为施用竹叶酵素后土壤 pH 降低，促进了土壤养分活化；酵素中的固相残渣主要为微生物发酵过的植株废料，容易形成腐殖层，可为盆栽土壤提供养分；酵素残渣在土壤表面达到 3 厘米厚时可防止杂草生长；酵素残渣还可有效保持土壤水分，防止土壤水分蒸发。

竹叶酵素对盆栽竹的影响

由于金镶玉竹是露地种植，实验周期短、土壤大环境不稳定导致实验结果不显著，用比色卡进行对比，可以看出茎秆黄色部分的颜色更加鲜艳。

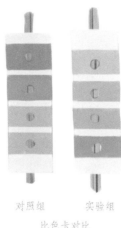

对照组　　　实验组

比色卡对比

第三章 竹叶酵素可以用来做什么

第一节 生活中如何使用竹叶酵素

1. 净水

我们日常中产生的废水包括洗衣水、洗澡水、厨房用水等，即使经过废水处理，这些洗涤水也会带有微量化学制剂残留，将对环境造成影响。将竹叶酵素应用于日常生活洗涤清洁中，可以有效分解洗涤剂中的化学物质，减少生活废水对地下水的污染。

以清洗衣物为例。在清洗衣物时倒入竹叶酵素，一能使洗衣机不容易有壁垢，二能使衣物清洗得更干净，还能节约用水，三能分解洗

43

衣液中的有害化学成分，衣服上也不会残留合成香精等有害物质。

用竹叶酵素清洗衣物

2. 降解农药残留

高毒、剧毒、高残留的农药通过各种途径进入人体后，经过长时间的蓄积，通过食物链的传递发生富集作用，会造成人呼吸问题、患癌症，甚至导致死亡。使用竹叶酵素作为蔬菜农药残留降解剂不仅不会对蔬菜造成二次污染，还可以减少蔬菜病虫害的发生，提高蔬菜品质。

竹叶酵素可用来清洁蔬果，能分解、清除农药残留，杀菌消毒，降低化学污染。用稀释2000倍的竹叶酵素清洗蔬果之后再浸泡45分钟，可还原蔬果的本味，使烹调后的蔬菜显得格外香甜。

3. 消毒杀菌

竹叶酵素能分解和消灭对人体有害的微生物，进而促进人体细胞的再生。

在洗发、沐浴时，在洗发水、沐浴露中加入竹叶酵素液，按1份竹叶酵素：1份洗涤剂：10份水的比例，得到的竹叶酵素清洁剂，能降低人体对化学物质的过敏反应，还能兼顾个人的卫生并改善肌肤达到保养的效果。

竹叶酵素

洗发水中加入竹叶酵素

制作竹叶酵素清洁剂

4. 果蔬保鲜

竹叶酵素之所以能够给果蔬保鲜，是由于其中的葡萄糖氧化酶和溶菌酶各自发挥了重要作用。

在清洗蔬果时，先清洗掉蔬果表面的灰尘及杂质，按照 1 份竹叶酵素液：10 份水的比例制作竹叶酵素清洁剂，将蔬果浸入竹叶酵素清洁剂 10 分钟，然后冲洗干净。竹叶酵素中的溶

用竹叶酵素清洗水果

菌酶通过破坏细菌细胞杀灭大部分细菌，葡萄糖氧化酶在氧化氢酶的作用下生成葡萄糖酸和水，消耗掉了大量氧气，从而达到了除氧保鲜的目的。

5. 分解油污

稀释后的竹叶酵素能有效分解霉菌、油垢等污物，在清洁地板、厕所、厨房、玻璃、抽油烟机等方面用途很广泛，效果很可观。

用竹叶酵素清洁擦拭窗户

清洁时，在清洁剂中加入竹叶酵素液，按1份竹叶酵素：1份清洁剂：10份水的比例，得到的竹叶酵素清洁剂效果更好。

6. 净化空气

竹叶酵素本身气味清新，可净化空气，杀菌除臭，去除污染。将竹叶酵素稀释1000倍，可用来清洁器具，还可去除烟味、霉味、卫生间臭味等空气异味，使空气清新。

竹叶酵素作空气净化剂时，将竹叶酵素稀释200~500倍，既能除臭，又能灭菌，一举两得。喷在宠物身上，不仅能去除宠物身上的味道，还能减少寄生虫生长。

除此之外，竹叶酵素在驱虫抑螨方面也具有一定的作用。将竹叶酵素稀释10~50倍，其气味能达到驱虫效果。随着竹叶酵素的使用，苍蝇、蚊子、老鼠、蟑螂的数量也会减少。

用竹叶酵素清洁宠物笼子

第二节　农业上如何使用竹叶酵素

竹叶酵素可用于农作物生长、病虫害防治、土壤改良等方面，并且可以实现节约成本和循环利用。

50

1. 促进作物生长

竹叶酵素应用于农业生产，主要作用是加

速微生物对于肥料的分解，形成小分子结构，促进作物对养分的吸收。竹叶酵素用于作物生长中，具有促进根系生长，抑制土壤病害、疏松土壤、增加作物产量、提升农产品品质等作用。

对树苗施用竹叶酵素

竹叶酵素对植物体内与抗逆性有关的几个关键生理生化指标都有促进作用，可有效提高植物的抗逆性。

（1）促进作物生长发育

竹叶酵素中的活性物质，如生长激素、有机酸、维生素和矿质元素等能相互协调、相互制约，不同程度地刺激调节植物的生长发育。

（2）提高产量

竹叶酵素中不仅含有作物生长所需的氮、磷、钾和蛋白质、氨基酸等养分，而且还有大量活性物质，如植物生长激素、有机酸、维生素和矿质元素等，这些养分和活性物质能相互

竹叶酵素

施用竹叶酵素的农田

协调、相互制约，不同程度地刺激调节作物的生长发育，对于促进作物生长、提高作物产量具有一定的作用。

（3）提高作物品质

鉴别农作物果实品质的指标是其含有蛋白质、可溶性糖成分、硝酸盐、粗纤维以及维生素的量。竹叶酵素中的有效活性成分能直接作用于作物发育，改善作物中矿物质成分的含量和状态，提高叶片效能，增加叶片光合能力，促进同化物的积累，使果实发育所需营养得以充足供应。

施用竹叶酵素的桃树

2.防病虫害

农业是我们赖以生存的基础，为了满足不断增长的粮食需求，大量农药被用于控制虫害。然而，农药通常难以降解，并且会残留在食物表面，对人体造成危害。竹叶酵素中所含有的大量有益微生物能抑制或杀灭叶面上的病原菌，从而减轻蔬菜病原菌的危害。

竹叶酵素杀虫

竹叶酵素杀灭细菌

　　竹叶酵素营养液对植物病虫害抗性的增强，来自以下几方面：营养液中有益微生物群体对有害微生物具有积极的抑制作用；丰富的生物活性物质促进作物的生长发育，从而提高了植物本身的抵抗能力；营养液的弱酸性环境不利于病原菌的生长。

　　3. 改良土壤

　　蚯蚓是改良土壤的"功臣"。蚯蚓在土壤

中活动，能改变土壤有机质的空间分布，为植物提供更好的生存环境。蚯蚓粪中含有氮、磷，可丰富土壤营养，促进植物生长。土壤、植物、蚯蚓三者是互相影响、相互促进、良性循环的关系。

竹叶酵素能够丰富土壤营养，为蚯蚓提供更好的生存环境。把竹叶酵素液喷洒在蚯蚓繁殖的土壤中，可增加蚯蚓的生长速率及繁殖率。

此外，竹叶酵素中含有的多种酶，能够促进植物细胞的分裂和光合作用，刺激植物激素分泌，并且其中所含的分解酶可分解土壤中不能被植物直接吸收的有机物、无机物和难溶性矿质养分。竹叶酵素富含多种营养成分，对土壤中增加有机质及氮、磷、钾元素有一定的效果。

酶与细胞

　　氮、磷、钾、有机质等是土壤的重要组成
部分，也是植物营养的主要来源。

　　氮能够提高作物产量、改善农产品质量。
当氮充足时，植物可合成较多的蛋白质，促进
细胞的分裂和增长，从而使植物叶面积增长快，
能有更多的叶面积用来进行光合作用。

　　磷可以促进作物生长，还可增强作物的抗
寒、抗旱能力。

竹叶酵素

氮提高作物产量，改善农产品质量

58

磷促进作物生长，增强其抗性

钾在植物生长发育过程中参与诸多酶系统的活化，可增强细胞对环境条件的调节作用，增强植物对各种不良状况的忍受能力，如干旱、低温、病虫害等。

有机质能促进植物的生长发育，改善土壤的物理性质，促进土壤生物的活动，促进土壤中营养元素的分解，改善土壤的保肥和缓冲性能。它与土壤的结构、通气性、渗透性、吸附性和缓冲性密切相关。

土壤养分

竹叶酵素用于改良土壤的使用方法如下。

（1）翻土

将竹叶酵素以 1 ∶ 500 的比例稀释后，一边翻土一边洒在土地中，然后在土地表面洒上 1 ∶ 1000 的比例稀释的竹叶酵素（按照平常的洒水量）。一周后再翻土，在土中洒 1 ∶ 500 的稀释竹叶酵素，在土地表面洒 1 ∶ 1000 的稀释竹叶酵素。每周翻土洒竹叶酵素一次，持续一个月。这样做是通过竹叶酵素中的有机化合物增加土壤中微生物的含量，让泥土更肥沃。

（2）堆肥

在土地中挖一个大坑，在坑里铺一层杂草，铺一层竹叶酵素渣，洒上竹叶酵素，再依次铺上泥土、杂草、竹叶酵素渣、竹叶酵素（类似堆肥的方式），直到填满大坑。

（3）施肥

对已种植物的土地，将竹叶酵素以 1 ∶ 1000 的比例稀释，作为肥料，每周喷洒一次。

松土

洒 1 : 1000 稀释的竹叶酵素

第四章 竹叶酵素能依法炮制吗

自然界中很多植物的树叶和果实在成熟后都会落到地面，经过长时间风化重新回到土壤内部，而植物的根部就会吸收其中的营养物质供其继续生长，从而实现可持续循环发展。在园林城市建设中，对植物进行养护过程时需要适当进行修剪，修剪下来的树叶和果实可以作为原材料打碎后用竹叶酵素发酵的方式进行发酵。这些原材料与凋落的竹叶一样可被利用。这样既解决了植物修剪后园区内垃圾处理问题，降低了垃圾处理的费用，也减少了购买农药、化肥的费用，有利于控制植物养护成本。

酵素渣可继续保留在容器里，作为酵素的母体加快下一瓶酵素的发酵。

酵素渣晒干后，还可搅碎埋在土里，当作肥料充分利用，促进植物生长，实现良性循环。

酵素改良土壤流程

附录：竹叶酵素问答集

1. 竹叶酵素在制作初期，可以不打开瓶盖进行排气吗？

答：不可以。在竹叶酵素制作初期，需要打开瓶盖进行排气。如果没有打开瓶盖进行排气，那么瓶子会被撑大，甚至可能会爆炸。

2. 竹叶酵素需要发酵多久才可以使用？

答：竹叶酵素发酵 3 个月后就可以使用了。

3. 在发酵的过程中，为什么竹叶酵素液变黑了？

答：竹叶酵素液变黑，说明竹叶酵素液腐烂了，没有发酵成功。

4. 变黑的竹叶酵素液只能扔掉吗？

答：变黑的竹叶酵素液不需要扔掉，可以加入黑糖进行补救，继续发酵。

5. 竹叶酵素液里发现了虫子怎么办？

答：只需要把盖子封闭好，使得竹叶酵素液里的虫子自行分解，这样做可以变相增加竹叶酵素中的蛋白质。

6. 竹叶酵素液呈现出什么样子才证明制作成功了？

答：如果竹叶酵素液表面长出一层白色的膜，证明制作成功了。

7. 竹叶酵素渣可以循环利用吗？

答：可以。剩下的竹叶酵素渣可以作为再次发酵的母体，继续发酵。

8. 竹叶酵素渣搅碎以后埋进土里，可以当作肥料，这个说法正确吗？

答：正确。因为竹叶酵素渣含有植物生长所需的氮、磷、钾和蛋白质、氨基酸等养分，可以为植物直接提供养分，还有大量活性物质、微生物、酶、植物生长激素、有机酸、维生素和矿物元素，可以有效提高土壤养分及土壤中养分互相转化的效率。

9. 作为制作竹叶酵素的原料，为什么说黑糖比白糖好？

答：因为黑糖所含的矿物质成分比白糖所含的矿物质成分要高，黑糖更贴近于自然。

10. 竹叶酵素有气味吗？

答：有清香的气味。

11. 竹叶酵素液可以直接拿来用吗？

答：不可以，用前需要将竹叶酵素液进行稀释。

12. 施用竹叶酵素菌肥料就等于增施了有益菌，有益菌会排挤和抑制有害菌的活动吗？为什么？

答：会，因为有益菌占领了植物根系周围的空间。

13. 请问竹叶酵素发酵是哪种类型？

答：是厌氧性发酵。

14. 竹叶酵素含有的酶和活性物质，不能帮助催化和分解难溶的矿物质和纤维质，提高它们的转化率和利用率，对吗？

答：不对。酶作为生物化学反应的催化剂，能够有效起到催化作用和分解土壤中的各种养分（包括矿物质和纤维质），提高营养物质的转化率和利用率。

竹
叶
酵
素

竹叶酵素制作与应用是实现废物循环利用、环境生态友好的重要抓手，虽然是生态循环经济中很小的一部分，但具有很好的启发意义。笔者曾以此为主题针对周边学区开展科普课堂宣讲，引起了师生的广泛兴趣，现已形成相对稳定的合作教学关系，同时带动了教具研发、自媒体宣传等全链条科普模式的形成。

本书只讲述了竹叶酵素的一些用途，其实它还有很多用途有待大家去挖掘。近年来，我国的竹叶酵素市场开始研发和不断拓展、完善竹叶酵素工艺。规范竹叶酵素质量标准，是其进一步发展的必要条件。因此，在未来的研究中，还需加大对竹叶酵素产品相关微生物成分及含量的研究，加大创新力度，研发具有知识产权的新技术和新产品，并成立相关监管部门以及建立相关标准，以满足人们的需求，使人们真正地认识竹叶酵素。